BEI GRIN MACHT SICH IHR WISSEN BEZAHLT

- Wir veröffentlichen Ihre Hausarbeit, Bachelor- und Masterarbeit

- Ihr eigenes eBook und Buch - weltweit in allen wichtigen Shops

- Verdienen Sie an jedem Verkauf

Jetzt bei www.GRIN.com hochladen und kostenlos publizieren

Jenny Filon

Industrielle Verlagerungsprozesse der Bekleidungs- und Lederwarenindustrie - Die Beispiele Bangladesch und Indien

GRIN Verlag

Bibliografische Information der Deutschen Nationalbibliothek:

Die Deutsche Bibliothek verzeichnet diese Publikation in der Deutschen National-
bibliografie; detaillierte bibliografische Daten sind im Internet über http://dnb.d-
nb.de/ abrufbar.

Dieses Werk sowie alle darin enthaltenen einzelnen Beiträge und Abbildungen
sind urheberrechtlich geschützt. Jede Verwertung, die nicht ausdrücklich vom
Urheberrechtsschutz zugelassen ist, bedarf der vorherigen Zustimmung des Verla-
ges. Das gilt insbesondere für Vervielfältigungen, Bearbeitungen, Übersetzungen,
Mikroverfilmungen, Auswertungen durch Datenbanken und für die Einspeicherung
und Verarbeitung in elektronische Systeme. Alle Rechte, auch die des auszugsweisen
Nachdrucks, der fotomechanischen Wiedergabe (einschließlich Mikrokopie) sowie
der Auswertung durch Datenbanken oder ähnliche Einrichtungen, vorbehalten.

Impressum:

Copyright © 2008 GRIN Verlag GmbH
Druck und Bindung: Books on Demand GmbH, Norderstedt Germany
ISBN: 978-3-656-17761-6

Dieses Buch bei GRIN:

http://www.grin.com/de/e-book/192716/industrielle-verlagerungsprozesse-der-
bekleidungs-und-lederwarenindustrie

GRIN - Your knowledge has value

Der GRIN Verlag publiziert seit 1998 wissenschaftliche Arbeiten von Studenten, Hochschullehrern und anderen Akademikern als eBook und gedrucktes Buch. Die Verlagswebsite www.grin.com ist die ideale Plattform zur Veröffentlichung von Hausarbeiten, Abschlussarbeiten, wissenschaftlichen Aufsätzen, Dissertationen und Fachbüchern.

Besuchen Sie uns im Internet:

http://www.grin.com/

http://www.facebook.com/grincom

http://www.twitter.com/grin_com

Industrielle Verlagerungsprozesse der Bekleidungs- und Lederwarenindustrie: die Beispiele Bangladesch und Indien

Jenny Filon
25. November 2008

Oberseminar: Geographische Entwicklungsforschung

Verlagerungsprozesse in der Bekleidungs- und Lederwarenindustrie: die Beispiele Bangladesch und Indien

Gliederung

1.   **Einleitung – Verlagerungsprozesse der Textil- und Bekleidungsindustrie: Fluch oder Segen für die Länder des Südens ?**

Ob T-Shirts, Hosen oder Kleider, Schuhe, Taschen oder Reitsportartikel; nahezu jeder Bewohner der westlichen Industrienationen kommt zwangsläufig in Berührung mit Artikeln, deren Innovation und Produktion zwar im eigenen Land organisiert, die aber weit weg im fernen Asien gefertigt wurden. „Made in Bangladesh" oder „Made in India" – so steht es heutzutage auf den Etiketten zahlreicher Kleidungsstücke und fast jedes große Kaufhaus hat Bekleidungs- oder Lederwaren aus diesen Regionen in seinem Sortiment.

Denn billige Arbeitskräfte und niedrige Umweltauflagen führen heute zu einer weltweiten Produktionsverlagerung in die Länder des Südens, die sich davon wohl mehr erhoffen als eine zerstörte Natur oder eine ausgebeutete Bevölkerung.

Die Folgen dieser industriellen Produktionsverlagerungen sind verheerend. Schlechte Arbeitsbedingungen und gravierende Umweltbelastungen, die sich auf die Gesundheit der Bevölkerung ausweiten, belasten die Produktionsländer und ihre Bewohner.

Doch ungeachtet dessen, geht es den global agierenden Unternehmen um eine Verbesserung der „Effizienz", die sowohl den Unternehmen selbst als auch den Konsumenten zu Gute kommt - billige Produkte aus Fernost haben Konjunktur.

Das führt in Zeiten der Globalisierung vermehrt zur Entwicklung neuer Strategien, die eine neuartige Einbindung der Entwicklungsländer in die Produktionsprozesse miteinschließen und letztendlich zu einem weltweiten Umbau der Nord-Süd Beziehungen in der Weltwirtschaft führen - Organisation im Norden und Produktion im Süden durch den Aufbau globaler Wertschöpfungsketten.

Doch was sind diese neuen Verflechtungen und was bedeuten sie für die Entwicklungsländer ?

„Entwicklungspolitische Chance oder Begrenzung lautet damit die letztendlich hervorstechende Frage" (Schamp 2008:4).

Diese Ausarbeitung widmet sich dieser Frage im Folgenden anhand zweier Beispiele und versucht zu beleuchten, inwieweit industrielle Verlagerungsprozesse insbesondere der Bekleidungs- und Lederwarenindustrie, als Anstoß für Entwicklungsprozesse in den Entwicklungsländern dienen können oder inwiefern die Risiken und sozialen, sowie umweltbedingten Kosten für diese Länder überwiegen ?

Stellt die weltweite Arbeitsteilung im Zeichen der Globalisierung, einen Fluch oder aber einen

Segen für die Länder des Südens dar ?

Ein einleitendes Kapitel beschäftigt sich zunächst mit dem globalisierungsbedingten Wandel des weltweiten Standortgefüges, der sich aus einem Umbau von Nord-Süd Beziehungen in der Weltwirtschaft, als Ergebnis globaler Wertschöpfungsketten, ergibt.

Damit soll zu Beginn der Begriff der „Globalen Wertschöpfungskette" geklärt werden, um so einen Grundstein zum Verständnis derzeitiger, allgemeiner industrieller Verlagerungsprozesse zu legen.

Eine gesonderte Betrachtung dieser Verlagerungsprozesse findet anschließend in Kapitel 3 statt, welches sich speziell mit der Internationalisierung im Textil- und Bekleidungsgewerbe auseinandersetzt. Im Fokus stehen hier vor allem die zahlreichen Handelsabkommen, die den internationalen Textil- und Bekleidungshandel seit Jahrzehnten reglementieren.

Daran anknüpfend wird in Kapitel 4 versucht, die oben genannte Thematik, anhand der Bekleidungsindustrie in Bangladesch, die stellvertretend für viele Produzenten-Regionen im Süden steht, zu verdeutlichen. Es soll dargestellt werden, wie sich Bangladesch auf dem Weltmarkt für Bekleidung etablieren konnte, welche Chancen dies für das Land mit sich bringt, aber auch auf die dadurch bedingten Probleme hinweisen, mit denen sich das Land und die Menschen dort konfrontiert sehen.

Ergänzung findet diese Darstellung anschließend durch das Beispiel der Lederwarenindustrie Indiens, die unabhängig von der Textil- und Bekleidungsindustrie existiert und aufgrund dessen in Kapitel 5 gesondert betrachtet wird. Der Aufschwung des Industriezweiges, sowie Chancen und Risiken für Indien und seine Bewohner, werden auch hier detailliert beleuchtet.

Abschließend werden in Kapitel 6 die positiven und negativen Auswirken der industriellen Verlagerung verglichen und Perspektiven für die Zukunft der Entwicklungsländer aufgezeigt.

Neben einer Betrachtung der industriellen Verlagerungen als Motor für die Industrialisierung der Entwicklungsländer, stehen hier auch Lösungsansätze für die umweltbedingten und sozio-ökonomischen Probleme, durch eine Neuorganisation der globalen Wertschöpfungsketten, im Vordergrund.

Ein Fazit am Ende der Ausarbeitung greift noch einmal die wichtigsten Aspekte auf.

2.   Globale Wertschöpfungsketten – Industrielle Verlagerungsprozesse in Entwicklungsländer

Anfang der 1990er Jahre entwickelten Sozialwissenschaftler das Konzept der „Globalen Wertschöpfungskette" mit dem Interesse, die neue Einbindung der Entwicklungsländer in die Produktion der Industrienationen zu analysieren und zu bewerten.

Mit diesem Ansatz sollte herausgestellt werden, inwieweit die neuen vertikalen Organisationsformen, die Industrie- und Entwicklungsländer miteinander verknüpfen, als „einengende Ketten oder ermöglichende Netze" (Schamp 2008:4) für die Entwicklungsländer zu betrachten sind.

Eine neue Sichtweise wurde notwendig, um die neuen, globalisierungsbedingten Formen der weltweiten Arbeitsteilung verstehen zu können. Die klassischen Ansätze der Volkswirtschaftslehre mit einem „[...] von Sektoren und Branchen bestimmten Welthandel [...]" (a.a.O) erschienen überholt.

In den folgenden Ausführungen soll nun kurz der Begriff der „Globalen Wertschöpfungskette" geklärt werden um dann den für die Bekleidungs- und Lederwarenindustrie relevanten Typus der „gebundenen globalen Wertschöpfungskette" näher betrachten zu können. In Kapitel 2.2 soll anschließend betrachtet werden, wie diese Entwicklung gerechtfertigt wird und wie sie so zu einem Umbau der Nord-Süd Beziehungen in der Weltwirtschaft beiträgt.

2.1   Globale Wertschöpfungsketten

Globale Wertschöpfungsketten zeichnen sich zunächst durch <u>verschiedene Produktionsstufen</u> aus.

Bei der textilen Wertschöpfungskette reichen diese von der Faser- und Textilindustrie, zur weiterverarbeitenden Industrie, die für die Fertigung von Heimtextilien, Bekleidung und technischen Textilien zuständig ist, über den Handel bis hin zum Gebrauch und der Entsorgung (Abb. 1).

Desweiteren hat jede globale Wertschöpfungskette eine <u>bestimmte Geographie</u>, die von den Produktionsländern, etwaigen Zwischenlagern bis hin zum Distributionsort in der Industrienation reicht.

Fasst man die einzelnen Produktionsstufen und die spezifische Geographie nun zusammen, spricht man von der <u>„Konfiguration"</u> einer globalen Wertschöpfungskette, die nur durch effiziente Kontrolle (governance) und die dafür nötigen Institutionen wie „lead firm" oder Produzentenbetriebe aufrechterhalten werden kann (vgl. Schamp 2008:6).

Nur so kann eine effiziente <u>„Koordination"</u> der Wertschöpfungsprozesse zwischen den einzelnen Stufen gewährleistet werden (vgl. a.a.O) (Abb. 2).

Konfiguration und Koordination unterscheiden sich allerdings je nach Art der globalen Wertschöpfungskette, was sich v.a im Abhängigkeitsverhältnis der produzierenden Betriebe vom starken Leitunternehmen in der Industrienation äußert.

Neben der marktgetriebenen globalen Wertschöpfungskette, bei welcher Exporteure eines Landes ihre Produkte auf einem fiktiven Weltmarkt den Importeuren eines anderen Landes anbieten (klassischer Außenhandel), und der hierarchischen Wertschöpfungskette, die sich durch ein transnationales Führungsunternehmen mit eigenen Betriebsstätten im Entwicklungsland auszeichnet, existiert in Produktbereichen wie der Bekleidungsindustrie die sog. gebundene globale Wertschöpfungskette (Abb. 3).

Diese käufergetriebene Wertschöpfungskette kennzeichnet sich insbesondere durch die starke Abhängigkeit kleiner, selbstständiger Produzenten von einer starken „lead firm". Diese „lead firm" verfügt allein über einen direkten Zugang zum Markt und/oder Endverbraucher im Konsumland und kann so „[...] ihre privilegierte Stellung beispielsweise einsetzen um Preise zu drücken, kurzfristige Liefertermine zu erzwingen oder bestimmte Qualitätsstandarts durchzusetzen" (Braun u. Dietsche 2008:12).

Die Produzentenbetriebe verfügen also in dieser Art der Wertschöpfungskette über nur geringe bis gänzlich fehlende Kompetenzen und sind somit für die führenden Unternehmen einfach ersetzbar, wenn gewisse Anforderungen, hinsichtlich Preis und Qualität der Waren, nicht erfüllt werden konnten. Dieser Austausch kommt für die Produktionsbetriebe oft überraschend und stellt diese vor diverse Schwierigkeiten, da neue Abnehmer, aufgrund der starken Konkurrenz und der meist stark standardisierten Produkte schwer zu finden sind.

Infolge dessen werden die Betriebe in einen Preiswettbewerb gezwungen „indem alle legalen, halblegalen und z.T. auch illegalen Möglichkeiten zur Kostensenkung realisiert werden müssen" um weiterhin Käufer für ihre Produkte finden zu können (a.a.O). Dieser „race to the bottom"-Prozess kann dann letztendlich zu einer Verschlechterung der Arbeitsbedingungen, zu einer Reduzierung der Arbeiterlöhne oder aber zu einem rücksichtsloseren Umgang mit der Umwelt führen und so Arbeitsbedingungen und Umweltsituation in den Produktionsräumen immer weiter verschlechtern.

Ein Ausblick inwieweit dieser Prozess und die Abhängigkeit der Kleinbetriebe von den „lead firms" durch eine Reorganisation der gebundenen Wertschöpfungsketten reduziert werden könnte, wird in den Kapiteln 6.1 und 6.2 noch einmal vertieft.

Zunächst soll aber die Frage geklärt werden, warum globale Wertschöpfungsketten heute einen so großen Zuspruch erfahren und inwieweit sie aufgrund dessen die Nord-Süd Beziehungen in der Weltwirtschaft stetig verändern.

2.2 Umbau von Nord-Süd Beziehungen in der Weltwirtschaft

Ökonomische Tätigkeiten von Unternehmen zielen zumeist darauf ab, neue Werte zu schöpfen um so ihren Umsatz zu erhöhen und wettbewerbsfähig bleiben zu können. Dieser Vorgang wird als Wertschöpfungsprozess verstanden.

In den Zeiten der Globalisierung weiten sich diese Wertschöpfungsprozesse auf die globale Ebene aus und so werden die angestrebten Wettbewerbsvorteile, im Sinne einer verbesserten „Effizienz", heute durch den Aufbau und die Organisation globaler Wertschöpfungsketten erlangt (vgl. Schamp 2008:5).

So finden „Dienstleistungen" wie die Produktentwicklung und das Marketing in der Industrienation selbst, die eigentliche Produktion aber im Entwicklungsland statt, das hauptsächlich durch geringe Lohnkosten oder niedrige Umweltauflagen besticht (vgl. Braun u. Dietsche 2008:12).

Durch diese Veränderung der Anteile einzelner Wertschöpfungsarten an der Gesamtwertschöpfung eines Produktes, hier durch die Produktionsverlagerung in die Niedriglohnländer des Südens, können für das Unternehmen interne Skaleneffekte erzielt werden, die im Einklang mit dem Ziel der verbesserten Effizienz stehen.

So wird beispielsweise ein nur geringer Anteil in die eigentliche Herstellung einer Ware investiert und ein erheblich größerer Teil kann so in die Produktentwicklung fließen, was letztendlich zu Gewinnen für das Unternehmen führt (vgl. a.a.O.), die eine industrielle Verlagerung und die dadurch bedingte Veränderung des weltweiten Standortgefüges rechtfertigen und vorantreiben.

Die Unternehmen können so „[...] ihre eigenen Ressourcen stärker auf die Entwicklung der Marke, auf neue Produkte und neue Absatzanstrengungen konzentrieren" (Schamp 2008:6), um auf den gesättigten Märkten der wohlhabenden Ländern überleben zu können.

„In der vertikalen Produktionskette müssen viele, teils weltweit verteilte Standorte verknüpft, effizient koordiniert und daher gut kontrolliert werden [...]" (Schamp 2008:6), damit sich ein Unternehmen auf dem Markt gegen die starke Konkurrenz durchsetzen kann und den Marktzugang nicht verliert.

Ermöglicht wurde diese Entwicklung de facto durch die neuen Bedingungen der Globalisierung: Liberalisierung der Warenmärkte durch das Allgemeine Zoll- und Handelsrecht (näheres dazu in Kapitel 3.1), Deregulierung globaler Finanzmärkte, Entstehung globaler Dienstleistungsunternehmen in der Logistikbranche etc.

Eine weitere entscheidenden Rolle kommt aber auch diversen Veränderungen in den nationalen Wirtschaftsstrategien mancher Entwicklungsländer zu, die beispielsweise von einer Importsubstitution zu einer Strategie der Exportorientierung wechselten (vgl. a.a.O.).

3.   Internationalisierung im Textil- und Bekleidungsgewerbe – eine Einführung

Der weltweite Export von Bekleidung hat ein enormes Ausmaß angenommen. Mit 340 Mrd. US $ trug er im Jahr 2004 zu ca. 5,6 % des Welthandelsaufkommen bei. Im Vergleich dazu belief sich dieser Wert im Jahre 1990 auf nur 120 Mrd. US $.

Knapp zwei Drittel des gesamten Exportwertes, in Höhe von ca. 172 Mrd. US $, entfielen dabei auf Entwicklungsländer (vgl. Haas u. Zademacher 2005:30).

Vor allem asiatische und südamerikanische Länder konnten in den 1970er Jahren, u.a. aufgrund von Rohstoffvorkommen, eine eigene Textil- und Bekleidungsindustrie aufbauen und einen Großteil der weltweiten Textilproduktion zu Lasten der Industrienationen auf sich konzentrieren. Das führte zu einem Strukturwandel und zur Schließung zahlreicher Unternehmen in Europa, weshalb mitunter auch die deutsche Textil- und Bekleidungsbranche heute auf die Strategie der gebundenen globalen Wertschöpfungskette setzt.

Ein Abkommen von Billigprodukten aus Entwicklungsländern (marktgetriebene GWK), hin zu einer differenzierten Arbeitsteilung, bei der qualitativ hochwertige und modische Produkte im günstigen Ausland produziert, letztendlich aber am Unternehmenssitz entwickelt, designed und kommisioniert werden, kennzeichnet heute auch die deutsche Textil- und Bekleidungswirtschaft.

Hierbei spielen v.a Personal- und Lohnkosten eine entscheidende Rolle, da ca. 30% der Gesamtausgaben auf diesen Bereich entfallen, und die Entwicklungsländer mit günstigen Arbeitskräften bei gleicher Arbeitsintensität bestechen.

„Laut Deutscher Bundesbank hatte das heimische Bekleidungsgewerbe bis Ende 2001 rund 3,8 Mrd. Euro in insgesamt 266 Unternehmen an ausländischen Standorten investiert" (Haas u. Zademach 2005:33).

„Entsprechend ist die deutsche Textil- und Bekleidungswirtschaft – trotz des scharfen internationalen Wettbewerbs – auf den Weltmärkten erfolgreich und rangiert beim Export von Textilien und Bekleidung auf den ersten Plätzen" (Haas u. Zademacher 2005:31-37). Wie schon zuvor angedeutet, kann so mehr Kapital in Produktentwicklung und Marketing fließen um neue, vielversprechende und langlebige Marken entwickeln zu können.

Um dies jedoch gewährleisten zu können und dem Importdruck seitens der Niedriglohnländer standzuhalten, wird der internationale Handel mit Textilien und Bekleidung seit den 1960er Jahren im Rahmen des Allgemeinen Zoll- und Handelsabkommen durch diverse Regelungen festgelegt. Die UN-Organisation für Handel und Entwicklung (UNCTAD) schätzt allerdings, dass den Entwicklungsländern aufgrund dessen jährlich ca. weitere 75 Mrd. US $ entgehen (vgl. Haas u. Zademach 2005:30).

Diese Handelsabkommen, ihre Ursachen und v.a ihre Auswirkungen auf die Entwicklung der Länder des Südens, sollen nun vorgestellt werden.

3.1 Handelsabkommen im Textil- und Bekleidungssektor

Seit 1960 reglementiert das Allgemeine Zoll- und Handelsabkommen, GATT, den Güterhandel zwischen seinen Mitgliedsstaaten im Sinne der weltwirtschaftlichen Entwicklung und des Wohlstandes durch den Abbau von Handelshemmnissen (vgl. www.bmz.de).

Es beruht dabei auf den Grundprinzipien der Gegenseitigkeit, Liberalisierung und Meistbegünstigung: Handelspolitische Leistungen die sich die GATT-Signatare gegenseitig einräumen, müssen demnach gleichwertig sein, die Zoll- und Handelsvorteile die sich zwei Staaten einräumen können, sollen allen Unterzeichnerstaaten zu Gute kommen und es soll im Allgemeinen ein Abbau von Zöllen und nicht-tarifären Handelshemmnissen angestrebt werden (vgl. www.weltalmanach.de).

Die Textil- und Bekleidungsbranche nimmt im Rahmen des GATT einen Sonderstatus ein.

Diese gesonderte Behandlung, die sich in diversen Sonderrechtsordnungen und sektoralen Ausnahmeregelungen äußert, beruht auf der starken Wettbewerbsfähigkeit der Entwicklungsländer hinsichtlich ihres deutlich geringeren Lohnkostenniveaus bei gleicher Arbeitsintensität. Dadurch stellen sie eine enorme Bedrohung für die Märkte der Industrienationen dar, die sich gezwungen sahen ihre Märkte mithilfe von Exportselbstbeschränkungen und Importquoten schützen zu lassen (vgl. Haas u. Zademach 2005:33-34).

Ihren Anfang nahm diese Entwicklung v.a. mit den bilateralen Verhandlungen zwischen Japan und den USA, da sich die USA durch Baumwollexporte aus Japan bedroht fühlten. Innerhalb dieser Verhandlungen verpflichtete sich Japan 1961 in einem Selbstbeschränkungsabkommen seine Exporte von Baumwollwaren in die USA einzuschränken. Dieses Short-Term Arrangement, kurz STA, wurde 1962 in das sog. Long-Term Arrangement Regarding International Trade in Cotton Textiles, kurz LTA, umgewandelt und regelte seitdem den Handel mit Waren, die aus mindestens 50 % Baumwolle bestanden.

Durch dieses Abkommen wurde erstmals von den allgemeinen GATT-Prinzipien abgewichen und auf den Sonderfall der potenziellen Marktzerrüttung hingewiesen. Diese Marktzerrüttung wurde definiert als „[...] ein erheblicher Anstieg der Importe eines bestimmten Landes zu Preisen, die weit unter dem Preisniveau des Einfuhrlandes liegen, nicht auf Dumping- oder

Subventionsmaßnahmen beruhen und eine ernsthafte Beeinträchtigung oder Gefahr für heimische Produzenten darstellen" (Haas u. Zademach 2005:34) und erlaubte dem Einfuhrland, seinen Markt selektiv gegenüber einzelnen Lieferländern mittels Quoten zu schützen.

Durch das vermehrte Aufkommen von synthetischen Fasern in den 1970er Jahren und aufgrund des Importdrucks auf andere Industrienationen durch die bilateralen Verträge zwischen Japan und den USA, erfuhr das LTA eine Neufassung und wurde 1974 durch das sog. Welttextilabkommen (Multifibre Arrangement) abgelöst.

Dieses Abkommen sollte sowohl den Interessen der Industrienationen, Struktur- und Beschäftigungserhalt, sowie dem Exportzuwachsinteresse der Entwicklungsländer, gleichermaßen gerecht werden. Es sollte der Textil- und Bekleidungsbranche der Industrienationen eine „[...] Anpassung an die strukturellen Veränderungen in der Welttextilwirtschaft [...]" (Haas u. Zademach 2005:35) ermöglichen, gleichzeitig aber auch den Entwicklungsländern die Gewähr für einen sicheren Marktzugang bieten (vgl. Plutte in: Neundörfer u. Stahr 1985:30).

Neu an diesem Abkommen waren dabei v.a. die genauer definierten Voraussetzungen unter denen es zu gezielten Beschränkungsmaßnahmen gegenüber einzelnen Lieferländern kommen konnte (vgl. a.a.O), sowie Begünstigungen für die am wenigsten entwickelten Länder. Eine besondere Behandlung genoss darunter Bangladesch, dem aufgrund seiner Stellung als eines der ärmsten Länder der Welt, zumindestens die EU freien Marktzugang, ohne Quoten und Zölle, gewährte (vgl. Köhler 2004:35).

Das MFA wurde viele Male verlängert und erst 1995 vom Agreement on Textiles and Clothing, kurz ATC, abgelöst. Kernstück des ATC war die vollständige Überführung des Textil- und Bekleidungssektors in das GATT-Regelwerk und somit ein Ende des Sonderstatus der Textil- und Bekleidungswirtschaft. Mit diesem Abkommen verpflichteten sich die Mitgliedsstaaten, alle Quoten des Multifaserabkommens innerhalb eines Zeitraumes von 10 Jahren sukzessiv abzubauen, um alle Länder der Erde in den Weltmarkt für Textilien und Bekleidung zu integrieren. Dieser Integrationsprozess wurde auf vier Stufen aufgeteilt, die jeweils einen bestimmten Anteil zu beseitigender Einfuhrbeschränkungen enthielten. Bis 2005 sollten so alle Quoten abgebaut und eine vollständige Liberalisierung des Weltmarktes erreicht werden (Abb. 4).

Welche Auswirkungen diese Abkommen für die Entwicklungsländer, insbesondere hinsichtlich ihrer Einbindung in globale Wertschöpfungsketten, mit sich brachten folgt nun in Kapitel 3.2.

3.2 Auswirkungen und Bewertung der Abkommen

Durch die zuvor beschriebenen Abkommen ist die Textil- und Bekleidungswirtschaft der am stärksten geschützte Industriezweig der Industrienationen. Ein Großteil der Industrie konnte nur so überleben und ein Freihandel im Sinne der GATT-Prinzipien hätte zum Zusammenbruch der gesamten Textil- und Bekleidungsbranche geführt (vgl. Haas u. Zademach 2005:35).

Auf der anderen Seite haben die Maßnahmen des Multifaserabkommens von 1974 jedoch zu einer Behinderung der Exporte betroffener Entwicklungsländer geführt, die Zuwachsraten abgebremst und so Exporteinbußen für diese Länder verursacht.

Daneben aber auch einen sicheren Marktzugang gewährleistet. Denn nach Ernst-Günter Plutte, ehemaliger Präsident des Spitzenverbandes Gesamttextil, wäre es ohne MFA zu einer Eskalation einseitiger Beschränkungsmaßnahmen gekommen, deren Konsequenzen für die Entwicklungsländer durchaus gravierender gewesen wären, als die durch das MFA bedingte Begrenzung der Exportraten. Für ihn ist das Multifaserabkommen ein Musterfall vernünftigen Interessensausgleichs zwischen Nord und Süd (vgl. Plutte in: Neundörfer u. Stahr 1985:30-31). Darf man auch hier nicht vergessen, dass vor allem die ärmsten Länder der Welt wie Bangladesch von den Quoten befreit wurden und so verstärkt in Wertschöpfungsketten integriert werden konnten.

Trotz allem muss aber angefügt werden, dass die einzelnen Sonderabkommen des GATT im Widerspruch zur angestrebten Liberalisierung des internationalen Handels stehen. Während die allgemeinen Zollsätze aufgrund der GATT-Verhandlungen gekürzt wurden um den Entwicklungsländern neue Märkte nicht länger vorzuenthalten, nahmen die Beschränkungen für Textilien und Bekleidung bis zum ATC kontinuierlich zu. Der geplanten zeitlichen Befristung der einzelnen Abkommen wurde man in der Praxis nicht gerecht und so wurde der Sonderstatus der Textil- und Bekleidungsbranche stetig verlängert.

„Der ursprüngliche Gedanke, den Textilsektor der Industrienationen [nur] temporär zu schützen, um ihm einen strukturellen Anpassungsprozess zu ermöglichen [und die Märkte anschließend für die Entwicklungsländer zu öffnen], erlangte somit den Status einer Langzeitlösung" (Haas u. Zademach 2005:36).

Die Liberalisierung des internationalen Textilhandels durch den Wegfall aller Quoten im Rahmen des ATC birgt jedoch auch wenig Hoffnung für die Entwicklungsländer. Einige Länder wie z.B China werden davon profitieren, andere Länder wie Bangladesch oder Indonesien verlieren. Dies ist u.a. abhängig von der Importabhängigkeit eines Landes, von dessen Infrastruktur oder dem politischen System.

Fällt der gesicherte quotierte Marktzugang zu den amerikanischen oder europäischen Märkten weg, stehen die kleinen Länder automatisch in direkter Konkurrenz zu den „Big Players" der Textil- und Bekleidungsbranche wie China oder Indien, die in Sonderwirtschaftszonen extrem billig produzieren (vgl. Südwind-Institut 2003:2-3).

Um folglich Standortentscheidungen großer ausländischer Unternehmen für sich gewinnen zu können und so die Exportraten zu erhöhen, wird der schon in Kapitel 2.1 erwähnte, „race to the bottom"-Prozess in Gang gebracht, der letztendlich mit einem Wettkampf um die niedrigsten Produktionskosten gleichzusetzen ist und so zu einer Verschlechterung der Arbeitsbedingungen und der Umweltsituation in den betroffenen Entwicklungsländern führt (vgl. Südwest-Institut 2003:3).

Wie sich dieser Prozess genau auswirkt und welche Maßnahmen dagegen ergriffen werden können, soll nun an zwei regionalen Beispielen verdeutlicht werden.

4.   Die Bekleidungsindustrie in Bangladesch – ein Beispiel

Die Bekleidungsindustrie ist derzeit in 140 Ländern der Erde ansässig. 1/3 der Bekleidungsexporte gehen dabei auf Entwicklungsländer zurück

Und auch für Bangladesch ist die Bekleidungsindustrie die wichtigste Exportquelle.

Knapp ¾ aller Exporteinnahmen gehen an Unternehmen dieser Industriebranche, die vor Ort insgesamt rund 2 Millionen Menschen beschäftigen.

Die größten Importeure sind dabei die USA und Europa, die ihre Produktion immer weiter in Entwicklungsländer wie Bangladesch verlagern.

In den letzten 25 Jahren wurde diese Entwicklung v.a durch drei Faktoren unterstützt:

- Aufteilung der textilen Wertschöpfungskette in kapitalintensive- und arbeitsintensive Produktionsschritte
- Exportbeschränkungen anderer Länder im Zuge des Welttextilabkommens in den 1960er Jahren
- Zollvergünstigungen bei Einfuhren aus Schwellen- und Entwicklungsländern im Rahmen des Allgemeinen Präferenzsystems

4.1   Etablierung und Einbindung der Bekleidungsindustrie in den Weltmarkt

Die im Jahr 1980 entstandene exportorientierte Bekleidungsindustrie in Bangladesch war stark verknüpft mit dem Aufkommen des schon zuvor erwähnten Welttextilabkommens. Im Rahmen dessen sahen sich v.a. Exporteure aus Südostasien, hauptsächlich aus Hong Kong, mit Ausfuhrbeschränkungen konfrontiert und verlagerten ihre Industrie in Niedriglohnländer, die mit nur geringen Quoten versehen waren. Zu dieser Zeit wies u.a. Bangladesch ein sehr geringes Lohnkostenniveau auf und konnte so Standortentscheidungen großer Unternehmen für sich gewinnen. Diese verlagerten die arbeitsintensiven Produktionsschritte wie Färbung und Näharbeit nach Bangladesch und kontrollierten vom Unternehmenssitz aus Design und Marketing.

Die Zahl der Exporte wuchs seitdem stetig und 1990 folgte, begleitet von einem rasanten Anstieg der Produktionsfabriken sowie der Arbeitnehmer, der Boom. Die Exportwerte der Bekleidungsindustrie stiegen von knapp 100 Mio. US $ im Jahr 1983 auf rund 500 Mio. US $ im Jahr 1990 an (Abb. 5) (vgl. Feuchte 2006:58).

Gab es 1983 nur knapp 100 Fabriken im Land, explodierte diese Zahl in den Jahren 1984 und 1985 auf über 700 (vgl. Mengelkamp o.J:9).

Und auch heute noch ist die Bekleidungsindustrie für ¾ aller Exporteinnahmen des Landes verantwortlich. Für den ehemaligen Botschafter des Landes Ashfaqur Rahman, ist die Bekleidungsindustrie, die Ader die das Land Bangladesch und seine Bewohner am Leben hält (vgl. Köhler 2004:36).

Diese Abhängigkeit bedeutet für Bangladesch letztendlich, dass jeder Wettkampf um Standorte in der textilen Wertschöpfungskette gewonnen werden muss, vor allem im Hinblick auf die Abschaffung aller Quoten im Rahmen des ATC. Damit fallen die Wettbewerbsvorteile des Welttextilabkommens weg, die Konkurrenz steigt und somit auch die Ersetzbarkeit der Zulieferbetriebe, die letzten Endes das schwächste Glied in der Wertschöpfungskette bilden.

Entwicklungspolitiker fürchten, dass die Marktöffnung der Industrieländer gegenüber Bekleidung aus anderen Ländern in Bangladesch mehr als 1/3 aller Bekleidungsbetriebe gefährdet und somit eine Belastungsprobe für die gesamte Volkswirtschaft Bangladeschs darstellt (vgl. a.a.O)

Doch die Wirtschaft des Landes muss aufrecht erhalten werden und es scheint als sei ein „race to the bottom"-Effekt unabdingbar. Daraus resultierende schlechte Arbeitsbedingungen prägen heute das Leben von Millionen Bangladeschis.

Wohl nicht ohne Grund wuchs die Zahl der Fabriken in den Jahren 2002/2003 auf insgesamt 3760 an.

4.2   Arbeitsbedingungen und Lebenssituation der Arbeiter

Schätzungsweise 85-90 % der insgesamt 2 Millionen Arbeitnehmer, die durch die Bekleidungsindustrie in Bangladesch eine Anstellung gefunden haben, sind weiblich. Diese

Frauen sind meist noch sehr jung, haben eine nur geringe bis keine Schulbildung und kommen aus armen und überwiegend ländlichen Familien.

Sie sind vom offiziellen Arbeitsmarkt ausgeschlossen und die Arbeit in den Bekleidungsfabriken stellt oft die einzige Alternative dar, um einem Leben in Armut zu entkommen. Sie sind diejenigen die von den schlechten Bedingungen am stärksten betroffen sind und letztendlich keinen Ausweg aus ihrer Misere finden können (vgl. Feuchte 2005:58).

Die folgenden Ausführungen sind dem Artikel „The Garment Industry in Bangladesh" von Beate Feuchte, 2006 in der International Edition der Geographischen Rundschau erschienen, entnommen und basieren auf 69 Interviews, davon 50 mit weiblichen Arbeiterinnen, die zwischen September 2003 und Februar 2004 zu ihren Arbeits- und Lebensbedingungen befragt wurden.

Grundsätzlich kann festgehalten werden, dass die wenigen positiven Effekte, die eine Anstellung in einer der tausend Bekleidungsfabriken mit sich bringt, nur von kurzfristiger Dauer sind und die Lebenssituation der Arbeiter nur geringfügig verbessern.

Durch das wenige Gehalt, das oft auch nur unregelmäßig ausgezahlt wird, verbessert sich die finanzielle Situation um ein kleines Stück und für die Arbeiter kann dies ein erster Schritt in ein selbstbestimmtes Leben sein. So können sie ihre Familien, die häufig auf dem Land zurück bleiben, unterstützen und wohlmöglich auch noch ein kleines bisschen von dem erwirtschafteten Geld ansparen.

Dennoch überwiegen die vielen Langzeitfolgen, die von einer hohen Arbeitsbelastung bis hin zu sexueller Belästigung und gesellschaftlicher Stigmatisierung reichen.

Eine 25-jährige Arbeiterin verdient monatlich ca. 1,850 Taka. Umgerechnet sind dies etwa 26,50 Euro, für die sie jeden Tag etwa zwölf Stunden arbeiten muss. Das ist ein durchschnittlicher Stundenlohn von ca. 0,07 Euro.

Diese hohe Arbeitslast, die den Arbeitern in den Fabriken tagtäglich auferlegt wird, führt häufig zu gesundheitlichen Problemen, wie Fieber, Kopfschmerz, Gelbsucht, Magenproblemen oder Durchfall. Die Fabriken stellen meist keine medizinische Versorgung und aufgrund der langen Arbeitszeiten fehlt die Zeit und das nötige Geld für einen Arztbesuch. Das kann häufig zu Arbeitsunfähigkeit führen und die Menschen in finanzielle Notlagen bringen. Der Verlust des Arbeitsplatzes kommt demnach meist überraschend, sodass etwaige Ersparnisse schnell aufgebraucht sind und man wieder in Abhängigkeit von den übrigen Familienmitgliedern gerät.

Doch auch dies kann ein Problem darstellen. Für die traditionellen Familien, aus denen die Arbeiter meist stammen, besteht ein Widerspruch zwischen der Arbeit in den städtischen

Fabriken und den traditionellen Werten der Familie. Frauen die zum Arbeiten in die Stadt wandern sind häufig starker Kritik ausgesetzt und nicht selten werden sie aus der Familie ausgestoßen, da diese ein unabhängiges Stadtleben nicht unterstützen. Die gesellschaftliche Stigmatisierung reicht soweit, dass sich die Heiratschancen der Frauen mindern, was zu materieller Unsicherheit führt und die Stigmatisierung weiter verstärken kann.

Der einzige Ausweg, ein selbstbestimmtes Leben zu führen, ist dann die schlecht bezahlte Arbeit in den Fabriken.

Durch die geringe Bezahlung müssen die Arbeiter mit ihren näheren Familienmitgliedern oft zusammen in einem Raum leben, der meist nicht größer als 7m² ist und sich mit etlichen anderen Familien sanitäre- sowie Einrichtungen zum Kochen teilen. Die Miete für diesen Raum übersteigt sogar manchmal das Monatsgehalt eines Familienmitgliedes.

Aufgrund der Tatsache, dass sich die Arbeiter angesichts fehlender Ersparnisse und der langen Arbeitszeiten, nicht andersweitig weiterbilden können und die Fabriken in der Regel auch keine Aufstiegsmöglichkeiten bieten, besteht meist kein Entrinnen und die Arbeiter sind gezwungen ihr Leben in solch schlechten und unmenschlichen Lebensbedingungen zu fristen.

Aufgrund des stetig andauernden globalen Wettbewerbs wird sich diese Situation wohl auch in Zukunft nicht ändern. Nötig sind hier also verbindliche internationale Arbeits- und Sozialstandards, kombiniert mit Sanktionsmechanismen der Käufer, um den Einfluss der Bekleidungsindustrie auf die gesellschaftliche Entwicklung des Landes zu verbessern (vgl. Feuchte 2006:59-61).

Bevor in Kapitel 6.1 näher auf die Möglichkeiten eingegangen wird, wie der race to the bottom Prozess durch eine Reorganisation der Wertschöpfungsketten aufgehalten werden kann („upgrading"), soll nun noch ein weiteres Beispiel angeführt werden, dass sich stärker mit den umweltpolitische Folgen dieses Prozesses befasst.

5.   Die Lederindustrie in Indien

Unabhängig von den Handelsabkommen der Textil- und Bekleidungsindustrie hat sich Indien heute zu den größten Leder- und Lederwarenexporteuren der Welt entwickelt. Geringe Lohnkosten und vor allem niedrige Umweltschutzauflagen führen dazu, dass die Lederwarenindustrie, als einer der verschmutzungsintensivsten Industriezweige, heute in fünf Regionen des Landes konzentriert ist und knapp 2,5 Millionen Menschen beschäftigt. Produkte wie Schuhe oder sonstige Lederbekleidung werden hauptsächlich in den Regionen Tamil Nadu, Westbengalen sowie in Agra hergestellt, Sicherheitsschuhe und Reitsportartikel in der Stadt Kanpur und Ledertaschen in der Stadt Mumbai im Westen des Landes (Abb. 6).

Zu den größten Kunden zählen dabei Deichmann, Ecco oder Gabor, allerdings liefern die meisten Fertigungsbetriebe Produkte minderer Qualität an kleinere Importeure (vgl. Braun u. Dietsche 2008:14). Exportförderung und Exportqualifizierung der indischen Regierung sowie gesunkene Frachtkosten und eine gute Infrastruktur haben dazu geführt, dass sich das gesamte Ausfuhrvolumen von ca. 1,6 Mrd. US $ im Jahr 2000 auf rund 3 Mrd. US $ im Jahr 2007 vergrößert hat und Indien heute mit 3 % der weltweiten Exporte in diesem Sektor, nach China und Italien, den drittgrößten Lederwarenhersteller der Welt darstellt (vgl. Bellwinkel-Schempp 2005:8).

5.1 Kanpur – indisches Leder für den Weltmarkt

Wichtigstes Produktionszentrum des Landes ist die nordindische Stadt Kanpur, in der vor allem Schuhe, insbesondere Sicherheitsschuhe, sowie Reitsportartikel gefertigt werden.

Allein im Jahr 2006/2007 exportierten ca. 400 kleine und mittelständische Unternehmen Lederwaren im Wert von ca. 440 Mio. US $ (Abb. 7). Diese Betriebe, meist kleine Familiengerbereien am Ufer des Ganges, sind auf kleine Auftragsmengen ausgerichtet und führen teilweise nur einzelne Produktionsschritte des Gerbprozesses aus. Sie kommen deswegen ohne moderne Produktionstechnologien aus und beziehen ihre Büffelhäute von lokalen Agenten und Häutehändlern. Rindsleder kommt für die Verarbeitung, aufgrund der besonderen Stellung der Kuh im hinduistischen Glauben, nur selten vor. Die Häute einer alten, natürlich gestorbenen Kuh, sind nur in minderer Qualität verfügbar und finden aufgrund dessen nur selten Verwendung.

Die Hälfte des fertigen Leders wird direkt exportiert, der andere Teil wird weiterverarbeitet. Schuhe und Schuhkomponenten stellen dabei ein Drittel des Exportvolumens Kanpurs dar und knapp ein Zehntel des gesamten Weltmarktes für Reitsportartikel wird durch Exporte aus Indien, 95 % davon aus Kanpur, gedeckt. Der meiste Umsatz wird allerdings durch Sicherheitsschuhe gemacht, da diese aufgrund gewisser Standards, nur in hoher Qualität hergestellt werden. Die Fertigung dieser Schuhe bedarf besonderer Kenntnisse weshalb lediglich die Vorprodukte von Familienbetrieben in Heimarbeit hergestellt werden und die anspruchsvollen Arbeiten von eigenen Tochterunternehmen der lead firm durchgeführt werden (vgl. Braun u. Dietsche 2008:15).

5.2 Umweltprobleme

Das hohe Maß toxischer Emissionen macht die Lederproduktion zu einem der verschmutzungsintensivsten Industriezweige der Welt. Vor allem das für den Gerbprozess genutzte Chrom stellt eine hohe Umweltbelastung dar. Aufgrund der hohen Anforderungen des Weltmarktes wurde die traditionelle und umweltfreundliche Gerbmethode des „vegetable tanning", bei welcher der Gerbstoff aus der Rinde des Babul-, sowie des Avarambaumes stammt, verdrängt und durch den mineralischen Gerbstoff Chromsulfat ersetzt. Dieses wurde von den USA entwickelt und verkürzt die Gerbdauer von drei Monaten auf drei Tage, führt allerdings zu einer hohen toxischen Belastung des Abwassers.

Dieses Chrom-Gerbverfahren kann in 2 Phasen unterteilt werden. In einer ersten Phase werden die Rohhäute für den eigentlichen Gerbprozess durch Enthaarung und Beizung vorbereitet und anschließend gegerbt. Daraus entsteht ein Zwischenprodukt, das sog. „wet blue", das in einer zweiten Phase durch Nass- und Trockenzurichtung (Färben, Schleifen etc.) zum fertigen Leder weiterverarbeitet wird.

Die stärksten Umweltprobleme ruft dabei vor allem die „wet blue"-Produktion hervor, bei der pro Tonne Rohmaterial bis zu 33.000 l Schadstoffe (Chrom, Natriumsulfid etc.) in die Abwässer gelangen und bis zu 550 kg Feststoffabfälle (Fleisch- und Häuteabfälle etc.) entstehen, deren illegale Deponierung oft eine Gesundheitsgefahr für die Bevölkerung darstellt (Abb. 8).

In der zweiten Phase kommt es hauptsächlich zur Verschmutzung des Abwassers durch Lacke oder andere Farbstoffe, die so das Wasser des Ganges und auch das Grundwasser weiträumig verunreinigen. Die Grenzwerte für Schadstoffe im Ganges sind schon jetzt weit überschritten (vgl. Braun u. Dietsche 2008:15-17).

Da das Wasser für die Bevölkerung als Trink- und Bewässerungswasser genutzt wird, gelangen die Schadstoffe in den Boden und somit in die Nahrungskette und führen so zu „[...] einer langsamen Vergiftung der Bevölkerung" (Bellwinkel-Schempp 2005:9).

Im Bundesstaat Tamil Nadu wurden so beispielsweise insg. 36.000 Hektar Boden unfruchtbar und die Krankheiten der Menschen reichen von Haut- und Magenkrankheiten bis hin zu Leukämie und Fehlgeburten (vgl. a.a.O.).

Um diese Verschmutzung in den Griff zu bekommen wurde 1985 der „Ganga Action Plan" ins Leben gerufen, der die Gerbereibetriebe dazu verpflichten sollte, Vorkläranlagen sowie Anlagen zur Chromrückgewinnung auf den Betriebsgeländen einzurichten.

1998 haben von 220 Gerbereien lediglich 80 solch eine Chromrückgewinnungsanlage installiert, doch werden diese zum Teil garnicht erst in Betrieb genommen. Eine Verbesserung der Umweltsituation konnte somit also nicht gewährleistet werden. Die hohe Korruption verhindert noch immer eine ausreichende staatliche Kontrolle, sodass sogar 65 von 150 vermeintlich geschlossenen Gerberei ihre Produktion wieder aufnahmen (vgl. a.a.O.).

Auch können meist nur größere Gerbereien moderne Umwelttechnologien und Produktionsverfahren durchsetzen, da nur sie über die finanziellen Möglichkeiten verfügen. Trotz allem reagieren viele dieser Betriebe jedoch mit Auslagerung und verlagern ihre „wet blue"-Produktion in die weniger kontrollierten Klein- und Familienbetriebe, um dem finanziellen Aufwand zu entkommen (vgl. Braun u. Dietsche 2008:17).

So gelangen noch immer ungeklärte Gerbereiabwässer in die Bewässerungssysteme des Landes und machen Indien zu einem weiteren Beispiel, das die Folgen eines „race to the bottom"-Prozesses, in den einzelne Länder aufgrund des zunehmenden globalen Wettkampfes gezwungen werden, verdeutlicht.

Besonders Indien ist heute ein Beispiel für die sog. „pollution haven"- oder Verschmutzungsoasen-Hypothese, nach der sich der besagte Prozess auf die Umweltsituation eines Landes auswirkt.

So werden Umweltschutzauflagen stetig weiter zurückgefahren oder die Einhaltung existierender Gesetze nur schwach bis garnicht kontrolliert.

Für Vertreter dieser Hypothese ziehe diese Entwicklung Investitionen an, mit denen es zu einer „[...] sukzessiven Verlagerung industrieller Verschmutzung in die Länder des Südens [...]" käme (Braun u. Dietsche 2008:12).

Demgegenüber stehen Vertreter der „environmental upgrading"- oder Modernisierungshypothese, deren Anschauung in Kapitel 6.2 nähere Betrachtung findet.

6.   Die Textilindustrie als Motor für die Industrialisierung der Entwicklungsländer - Zukunftsperspektiven

Stellt man sich nun noch einmal die Frage, ob industrielle Verlagerungsprozesse der Bekleidungs- sowie der Lederwarenindustrie, einen Fluch oder aber einen Segen für die Entwicklungsländer darstellen, und betrachtet man vor allem die Entwicklung, die diese Prozesse nach sich gezogen haben, wird deutlich, dass die Textilindustrie an sich eine bedeutende Rolle für die Industrialisierung der Entwicklungsländer gespielt hat und weiterhin spielen wird. Die angeführten Beispiele zeigen, dass Investitionen in diesem Bereich, sowohl in Bangladesch als auch in Indien zum Wirtschaftswachstum beigetragen haben und aus deren Wirtschaftsstruktur kaum mehr wegzudenken sind.

Die Textilindustrie schafft nicht nur zahlreiche Arbeitsplätze sondern bedient vor allem eine Nachfrage die sowohl im In- als auch im Ausland besteht und somit einen Ausbau der Textilindustrie in den Entwicklungsländern rechtfertigt.

Untersuchungen zur Nachfrage, im Rahmen einer Studie zur binnenwirtschaftlichen und exportwirtschaftlichen Bedeutung der Textilindustrie für die Industrialisierung der Entwicklungsländer, ergab, „[...] dass in Ländern mit niedrigem Pro-Kopf-Einkommen ein Großteil des privaten Konsums auf Nahrungsmittel, Textilien und Bekleidung entfällt [und diese Produkte somit] auf den heimischen Märkten einen breiten Absatz finden" (Wallauer 1977:171-172).

Weiterhin ergab diese Untersuchung, dass sich andere Industrien auf Grund einer nur geringen Binnennachfrage, hoher Kapitalerfordernisse oder zu komplizierter Produktionstechniken, die das Können der Arbeiter überfordern, kaum eignen um die Entwicklung eines Landes zu fördern (vgl. Wallauer 1977:176).

„Die Untersuchung der auf die wichtigsten Industriezweige entfallenden beruflichen Qualifikationsklassen zeigt nämlich, dass [...] der Anteil der nach relativ kurzer Anlernzeit im Produktionsprozess einsetzbaren Arbeiter überdurchschnittlich hoch ist" (Wallauer 1977:174). Da das Angebot an ungelernten Arbeitskräften in Entwicklungsländern meist sehr hoch ist entspricht dies insofern den Erfordernissen der Textilindustrie.

Doch wie die lokalen Beispiele gezeigt haben, stehen dem erfolgreichen Wachstum soziale Kosten gegenüber.

Globale Wertschöpfungsketten dominieren heute das transnationale Wirtschaftsgeschehen und zwingen die Zulieferbetriebe in eine starke Abhängigkeit von den mächtigen lead firms.

Der daraus resultierende „race to the bottom"-Prozess, der sich in Folge des stetig zunehmenden Konkurrenzkampfes immer weiter zuspitzt, muss gestoppt werden, um die negativen Folgen der Verlagerungsprozesse abzumildern und den Ländern des Südens die Chance zu geben, ihr Potenzial weiter auszubauen und die Entwicklung des Landes voranzutreiben.

Es muss demnach zu einer Umstrukturierung der globalen Wertschöpfungsketten kommen, damit die Entwicklungsländer von einer Einbindung in solch eine Kette im Sinne eines Lernprozesses profitieren können.

„Verbesserung durch Lernen soll ein *upgrading* bewirken und dieses wird oft mit Entwicklung gleichgesetzt" (Schamp 2008:10). Nur so können Arbeitsbedingungen und Umweltsituation verbessert werden.

6.1 Umstrukturierung der gebundenen globalen Wertschöpfungskette durch „upgrading"

Globale Wertschöpfungsketten können Lernprozesse in Entwicklungsländern stark beschleunigen, da nicht nur Geld von einer lead firm zu einem Zulieferbetrieb fließt wird, sondern vielmehr auch Informationen und Wissen, die durch unternehmerische Tätigkeiten gezielt eingesetzt werden können. Dabei lassen sich nach Stamm (2004) drei unterschiedliche Arten von Lernprozessen in globalen Wertschöpfungsketten unterscheiden:

- Gezielte Partnerförderung im Interesse der lead firm, durch aktive und gezielte Übermittlung von Wissen, das die Kompetenzen und somit die Wettbewerbsfähigkeit der Zulieferbetriebe fördert
  - o z.B. durch die Einübung neuer Qualitätsstandarts
- (ungeplantes) Lernen in formalen Partnerschaften (spill-over-Effekte), durch die Anpassung neuer Technologien, die von der lead firm zur Verfügung gestellt werden
- Lernen durch Imitation/Beobachtung, wodurch sich die Zulieferbetriebe Fertigkeiten und Wissen aneignen können

Diese Lernprozesse können dann dazu führen, dass die Zulieferbetriebe ihre Position innerhalb der Wertschöpfungskette verbessern können und in die Lage versetzt werden, wertschöpfungsintensivere Funktionen in der Kette zu übernehmen, sich weniger leicht ersetzbar zu machen und sich einen höheren Gewinnanteil anzueignen (vgl. Stamm 2004:27-29).

Dabei werden vier Formen des „upgrading" unterschieden:

- Prozess-Upgrading durch die Verbesserung von Produktionsprozessen, wobei Studien zeigen, dass die dafür nötigen Kompetenzen von den Produzenten im Süden nur sehr schwer erworben werden können
- Produkt-Upgrading durch die Produktion hochwertigerer Güter, was jedoch durch Preisdruck seitens der lead firm unterdrückt werden kann
- Funktionelles Upgrading durch die Übernahme komplexerer Schritte (Produktion, selbständige Vermarktung, Logistik etc.), was letztlich die Bindung an die lead firm aufbricht, jedoch meist zu hohe Anstrengungen für die Produzentenbetriebe darstellt
- Diversifizierung durch Erweiterung der Absatzmöglichkeiten in neue Märkte und Produkte, was schließlich zur Unabhängigkeit des produzierenden Betriebes führt

Um sich so aus der Abhängigkeit einer käufergetriebenen globalen Wertschöpfungskette befreien zu können bedarf es allerdings der Bereitschaft beider Elemente (vgl. Stamm 2004:27-29 und Schamp 2008:10).

Ein Beispiel dafür ist die sog. modulare globale Wertschöpfungskette, die sich aus der käufergetriebenen Wertschöpfungskette entwickeln kann und vor allem im Elektronikbereich vorzufinden ist. Die Produktion von Mobiltelefonen verteilt sich beispielsweise auf wenige asiatische und amerikanische Fertiger (z.B. Flextronics), während Unternehmen wie Motorola oder Nokia diese vertreiben. Hier ist es den Betrieben gelungen, stärkere kaufmännische und technische Kompetenzen zu erwerben um den Kunden im Norden die vollständige Herstellung eines Produktes anbieten zu können. In dieser Kette gibt es demnach keine mächtigen Käuferunternehmen mehr, sondern vielmehr verteilt sich die Macht auf mehrere Zulieferer und viele Käufer, die sich gegenseitig Konkurrenz machen. Die Hersteller verfügen hier über das vollständige Wissen für die Produktion eines fertigen Produktes und können dieses sogar unter Mitwirkung der Käuferunternehmen weiterentwickeln (vgl. Schamp 2008:8).

6.2   „environmental upgrading" - ein Sonderfall

Am Beispiel der in Kapitel 5 angeführten Lederindustrie Indiens, kann der Sonderfall des „environmental upgrading", bei dem es vorwiegend um eine Verbesserung der Umweltsituation geht, veranschaulicht werden.

Hierbei sind vor allem Produkt- und Prozessstandards ausschlaggebend, die dazu führen, dass ein produzierender Betrieb im Entwicklungsland gewisse Umweltstandards einhält.

Der größte Teil der indischen Lederwarenproduzenten ist jedoch durch rein preisbestimmte Marktbeziehungen mit den internationalen Unternehmen verbunden. Gerade bei einfachen Reitsportartikeln, die meist aus minderwertigem Leder bestehen, werden Umweltstandards kaum bis garnicht beachtet, da die Importeure, um Transaktionskosten zu sparen, auf jegliche Koordination der Wertschöpfungskette verzichten. Die Ware wird ausschließlich bei Erhalt auf äußerliche Fehler überprüft, sodass der Schadstoffgehalt hier keine Rolle spielt und aufgrund dessen auch zu keiner Zeit überprüft wird.

Steigt allerdings der Wert eines Artikels (z.B bei Modeschuhen), steigen auch die Anforderungen an die Qualität des Leders, die bei der qualitätsbestimmten Produktkoordinierung stets überprüft wird. Neben geforderten Zertifikaten über die Schadstofffreiheit des Leders, die auf Mindeststandards in der Lederproduktion hinweisen, kommt es in dieser Art von Beziehung zu regelmäßigen Kontrollen der Produktionsstätten durch die lead firm. Diese Kontrollen umfassen allerdings meist nur den direkten Zulieferer, sodass die Einhaltung von Umweltstandards, durch die Auslagerung der umweltbelastenden „wet blue"-Produktion an kleinere Betriebe, umgangen werden kann.

Lediglich die Herstellung von Produkten bei denen gesetzliche Standards eingehalten werden müssen, wie z.B bei Sicherheitsschuhen, gewährleistet eine umweltschonende Lederverarbeitung.

Um die Einhaltung dieser Sicherheitsnormen garantieren zu können, werden strenge

Kontrollen, aller in den Produktionsprozess eingebundenen Betriebe, durchgeführt. Diese starke Koordination ermöglicht einen weitreichenden Einfluss der Käuferunternehmen auf die Umweltstandards in der Lederproduktion. Nur so können Aufwertungsprozesse eingeleitet werden die der schon in Kapitel 5.2 erwähnten Modernisierungshypothese entsprechen.

Doch dazu bedarf es finanzieller und personeller Mittel, über die meist nur große Markenfirmen verfügen. Die meisten der internationalen Importeure der Lederwarenindustrie sind allerdings kleine und mittelständische Unternehmen, denen diese Mittel und meist auch der Wille zur Durchsetzung solcher Standards fehlt. Sie sind dem öffentlichen Druck durch die Ansprüche von Umweltorganisationen meist weniger stark ausgesetzt und nur die Festlegung strikter Schadstoff-Grenzwerte durch gesetzliche Vorgaben kann zu einer Verbesserung der Umweltsituation führen. Ein internationales Handelsrecht gibt es allerdings bislang nicht, sodass Indien diesem Zwang der Modernisierung durch die neuartige Ausrichtung der Industrie auf neue Märkte mir geringeren Umweltstandards umgeht. Hierzu zählen vor allem Russland, Südafrika oder die Vereinigten Arabischen Emirate.

„Ohne verstärkten öffentlichen Druck in den Abnehmerländern und ohne die Akzeptanz höherer Preise durch die Konsumenten wird sich diese Situation in absehbarer Zeit kaum grundsätzlich ändern können" (Braun u. Dietsche 2008:19). Dieses Schicksal teilt Kanpur mit vielen weiteren Industrieräumen in Entwicklungs- und Schwellenländern.

7. Fazit

Abschließend lässt sich also zusammenfassen, dass industrielle Verlagerungsprozesse in Entwicklungsländer, vor allem der Bekleidungsindustrie, viele Chancen bereit halten können, um diesen Ländern eine Entwicklung in industrieller und auch gesellschaftlicher Hinsicht zu ermöglichen. Gewährleistet werden kann dies allerdings nur, wenn es zu einer Umstrukturierung der globalen Wertschöpfungsketten, weg von einer käufergetriebenen GWK und hin zu einer modularen GWK, kommt, in der die Zulieferbetriebe über mehr Kompetenzen verfügen und diese gezielt nutzen können, um sich aus dem Teufelskreis des „race-to-the-bottom"-Prozesses zu befreien und die Entwicklung des Landes vorantreiben zu können. Letztendlich lässt sich nur vor diesem Hintergrund von einem Segen für die Entwicklungsländer sprechen.

Ist dies jedoch nicht gewährleistet, und das konnten die lokalen Beispiele verdeutlichen, leiden Einwohner und Umwelt; die Situation verschlechtert sich ins Unermessliche und die Verlagerungsprozesse wirken letztendlich entgegen einer Entwicklung des Landes.

Gerade im Hinblick auf eine angestrebten Liberalisierung des Weltmarktes für Textilien,

Bekleidung und Lederwaren, durch welche es zu einer verstärkten Zunahme der Konkurrenz kommen wird und die Lohnkosten und/oder Umweltschutzauflagen immer weiter abgebaut werden um wettbewerbsfähig bleiben zu können, erscheinen langfristige Änderungen bezüglich der Einbindung von Entwicklungsländern in den Produktionsprozess als sinnvoll und dringlich.

Doch der Markt ist ein Kampfplatz und so sollten auch die Konsumenten in den wohlhabenden Ländern ihren Teil beitragen und verstärkt auf Umwelt- und Sozialstandards in den Produktionsprozessen achten.

8.   Abbildungen

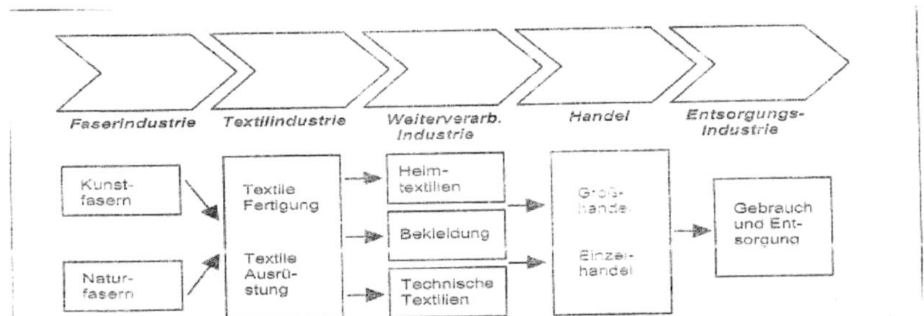

Abbildung 1: Stufen der textilen Wertschöpfungskette (Haas u. Zademach 2005:31)

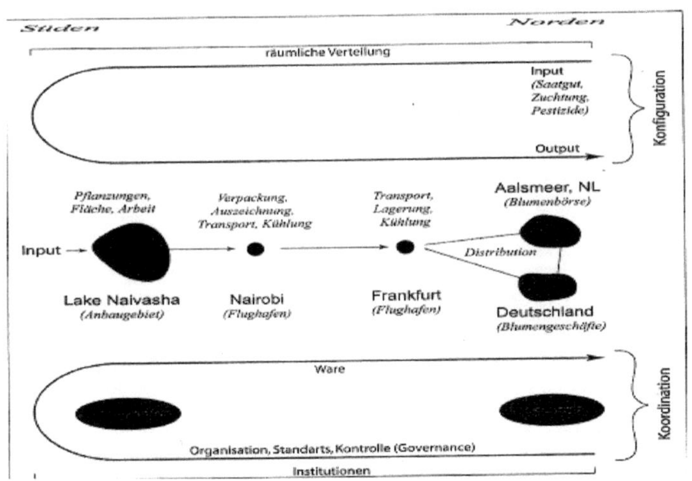

Abbildung 2: Konfiguration und Koordination am Bsp. der Schnittblumen-Produktion in Kenia (Schamp 2008:5)

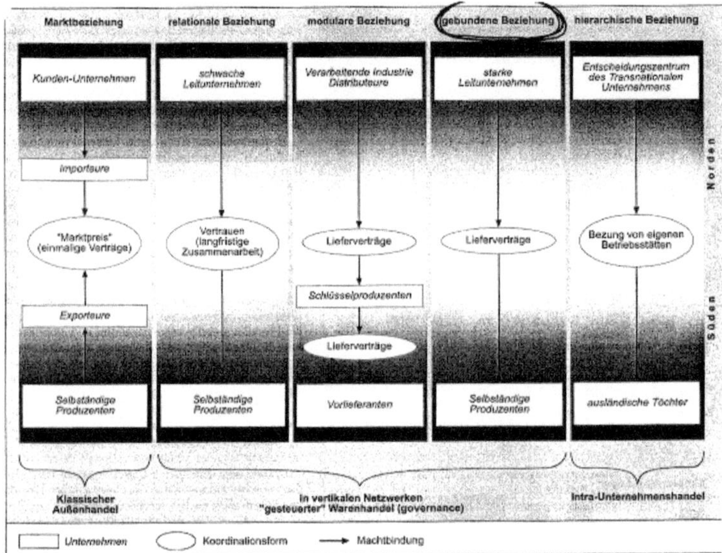

Abbildung 3: Typen von globalen Wertschöpfungketten und ihre Governance (Schamp 2008:7)

	Abkommen	Zeitraum der Gültigkeit/ Inkrafttreten
1961	Kurzfristiges Baumwolltextilkabkommen (Short-Term Arrangement, STA)	1961 bis 1962
1962	Langfristiges Baumwolltextilkabkommen (Long-Term Arrangement, LTA)	1962 bis 1967
1967	1. Verlängerung des LTA	1967 bis 1970
1970	2. Verlängerung des LTA	1970 bis 1973
1974	Multifaserabkommen (MFA I)	bis 31.12.1977
1978	MFA II: 1. Verlängerung des MFA	bis 31.12.1981
1982	MFA III: 2. Verlängerung des MFA	bis 31.07.1986
1986	MFA IV: 3. Verlängerung des MFA	bis 31.07.1991
1991	1. Verlängerung des MFA IV	bis 31.12.1992
1993	2. Verlängerung des MFA IV	bis 31.12.1993
1994	3. Verlängerung des MFA IV	bis 31.12.1994
seit 1995	Agreement on Textiles and Clothing (ATC) 1. Stufe 2. Stufe 3. Stufe 4. Stufe	bis 31.12.1997 1998 bis 2001 2002 bis 2004 ab 01.01.2005

Abbildung 4: Internationale Abkommen im Textil- und Bekleidungssektor (Haas u. Zademach 2005:35)

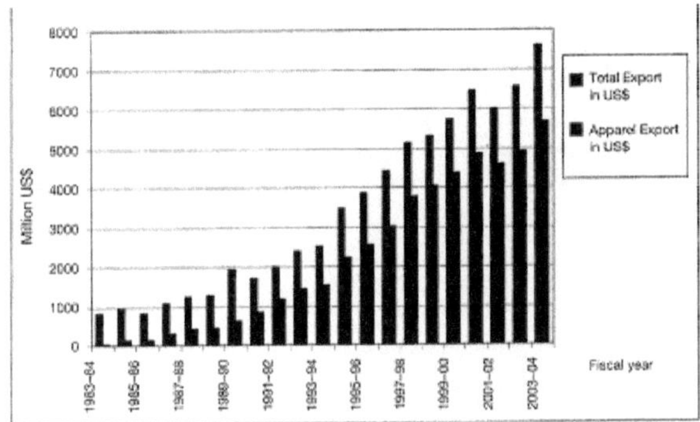

Abbildung 5: Gesamt- und Bekleidungsexporte in Mio. US $
1985-2003 (Feuchte 2006:58)

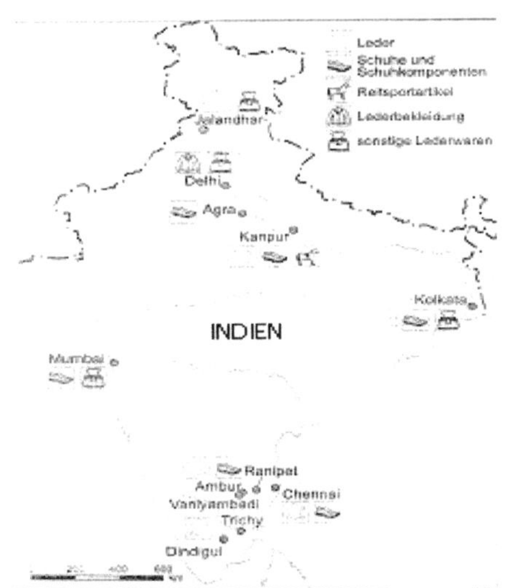

Abbildung 6: Standorte der Leder- und
Lederwarenproduktion in Indien (Braun u.
Dietsche 2008:12)

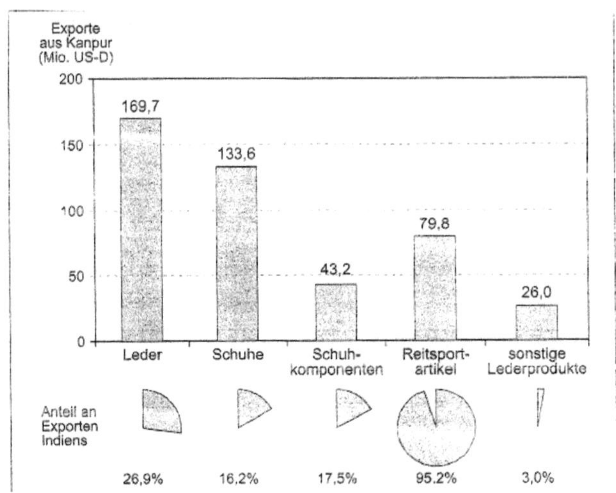

Abbildung 7: Exporte des Lederclusters Kanpur nach Produkttypen 2006-07 (Braun u. Dietsche 2008:13)

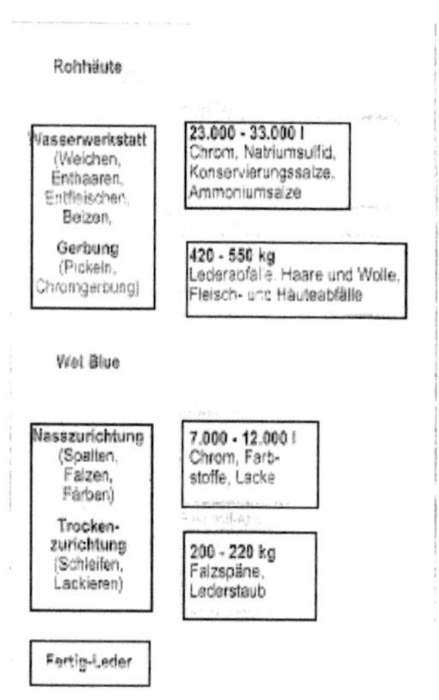

Abbildung 8: Produktionsstufen der Chrom-Gerbung und die wichtigsten Abfallprodukte (Braun u. Dietsche 2008:14)

9. Literaturverzeichnis

Bellwinkel-Schempp, M. (2005): Globale Produktion und globale Verantwortung: Indische und deutsche Leder- und Schuhindustrie. In: Südasien, H. 1, S.5-10.

Braun, B. und Ch. Dietsche (2008): Indisches Leder für den Weltmarkt. In: Geographische Rundschau, H. 9, S.12-19.

Feuchte, B. (2006): The Garment Industry in Bangladesh. In: Geographische Rundschau International Edition Vol. 2, H. 4, S. 56-61.

Haas, H.-D. und H.-M. Zademach (2005): Internationalisierung im Textil- und Bekleidungsgewerbe. In: Geographische Rundschau, H. 2, S. 30-38.

Plutte, E.-G. (1985): Strategien für einen fairen Wettbewerb. In: Neundörfer, K. und E.-H. Stahr (Hrsg.): Die Zukunft des Welttextilhandels. Schriften zur Textilpolitik, H. 1, S.

Schamp, E.-W. (2008): Globale Wertschöpfungsketten. In: Geographische Rundschau, H. 9, S.4-11.

Stamm, A. (2004): Wertschöpfungsketten entwicklungspolitisch gestalten. Anforderungen an Handelspolitik und Wirtschaftsförderung. GTZ, Eschborn.

Wallauer, P. (1977): Die binnenwirtschaftliche und exportwirtschaftliche Bedeutung der Textilindustrie für die Industrialisierung der Entwicklungsländer. Studienverlag Dr. N. Brockmeyer, Bochum.

Online-Publikationen:

Köhler, W. (2004): Schnitte mit Sozialmaß. In: Akzente, H. 2, S. 35-39.
Abrufbar unter: http://www2.gtz.de/dokumente/akz/deu/AKZ_2004_2/Bangladesch.pdf (Datum: 23.10.2008).

Mengelkamp, J. (o.J.): Die Bekleidungsindustrie in Bangladesch – Strukturen und Perspektiven. Lehrforschungsbericht der Universität Bielefeld.
Abrufbar unter: http://www.uni-bielefeld.de/tdrc/downloads/mengelkamp.pdf (Datum: 23.10.2008).

Autor unbekannt (2003): Was kommt wenn die Quote geht ? In der globalen Textil- und Bekleidungsindustrie stehen fundamentale Veränderungen bevor. Pressemitteilung: Südwind-Institut und Ökumenisches Netz Rhein Mosel Saar.
Abrufbar unter: http://www.oekumenisches-netz.de/03-09-08.pdf (Datum 06.11.2008)

Internetquellen:

Bundesministerium für wirtschaftliche Zusammenarbeit und Entwicklung (o.J.): Welthandelsorganisation und allgemeines Zoll- und Handelsabkommen.
Abrufbar unter: http://www.bmz.de/de/wege/multilaterale_ez/akteure/wio/wto/index.html

(Datum: 20.10.2008).
Der Fischer Weltalmanach (o.J.): WTO – Welthandelsorganisation.
Abrufbar unter: http://www.weltalmanach.de/stichwort/stichwort_wto.html (Datum:
20.10.2008).